AF297946

ASSOCIATION POUR L'ENSEIGNEMENT DES SCIENCES ANTHROPOLOGIQUES
(RECONNUE D'UTILITÉ PUBLIQUE)

REVUE

DE

L'ÉCOLE D'ANTHROPOLOGIE

DE PARIS

RECUEIL MENSUEL

Fondé par ABEL HOVELACQUE

Publié par les Professeurs

NEUVIÈME ANNÉE — XI — 15 NOVEMBRE

EXTRAIT

PARIS

ANCIENNE LIBRAIRIE GERMER BAILLIÈRE ET Cᵉ

FÉLIX ALCAN, ÉDITEUR

108, BOULEVARD SAINT-GERMAIN, 108

1899

LA SCIENCE PRÉHISTORIQUE

SES MÉTHODES

Par L. CAPITAN

L'anthropologie préhistorique est une science jeune, et pourtant elle ne ressemble plus guère aujourd'hui à ce qu'elle était à l'origine. Semblable en cela à toutes les branches des connaissances humaines, elle est entraînée dans une évolution qui semble aujourd'hui se précipiter plus que jadis, modifiant profondément une foule de notions acquises et nécessitant des changements dans les méthodes et dans les modes divers d'investigation mis jusqu'alors en pratique.

Les données générales des sciences d'observation sont en effet définitivement établies : ce qui était simple dans tous les ordres des connaissances humaines a été trouvé et énoncé, également de façon simple et précise. Les recherches datant d'une dizaine d'années avaient permis aux savants compétents d'arriver à des formules synthétiques. Nombre de sciences, parmi lesquelles figurait l'anthropologie préhistorique, pouvaient être exposées en quelques propositions précises et nettes. C'était le triomphe de la simplification.

Mais voici qu'en y regardant de plus près, ces formules simplistes se sont évanouies. On a constaté que tout phénomène naturel, manifestation ou résultante d'une évolution vitale, cosmique, météorologique ou géologique, était d'une extrême complexité. La simplicité n'était donc qu'apparente.

Alors la tâche, de ce fait, est devenue ardue pour les gens de science. Il a fallu creuser chaque question, faire entrer en ligne de compte de multiples processus, interpréter leur mécanisme, découvrir leurs résultantes variées. Aussi les formules générales ont dû être modifiées, les classifications revisées. Elles ne peuvent donc plus être considérées que comme des cases d'attente nous permettant d'y ranger, suivant un ordre rationnel, le résultat des observations directes jusqu'au jour bien lointain où une synthèse générale sera possible.

Cette notion de la nécessité d'une analyse critique et minutieuse des documents écrits ou des objets observés domine actuellement tout ordre de recherches scientifiques. L'exemple de la géologie est bien topique à ce point de vue. Relativement simple il y a une vingtaine d'années, elle présente aujourd'hui une extrême complication.

Nous devrons donc imiter les géologues auxquels nous avons tant à emprunter. Comme eux, tout en ayant des données générales directrices, nous ferons une étude minutieuse des points de détail. Nous serons ainsi amenés par l'observation à cette notion fondamentale de la variabilité extrême des facies locaux, d'autant plus complexes en anthropologie préhistorique qu'ils sont déterminés à la fois par l'action humaine et par les influences naturelles.

Les très prudentes synthèses que nous nous permettrons ne pourront d'ailleurs marquer que l'état actuel de la science sur cet ensemble de points particuliers. Aussi nos formules ne seront jamais absolues, elles seront au contraire sans cesse revisables et perfectibles suivant les découvertes qui se produiront.

Pour répondre à ces multiples desiderata, une méthode univoque serait, bien entendu, absolument insuffisante. Il est indispensable de faire intervenir toutes les méthodes scientifiques et tous les modes d'investigation et de recherches. C'est ainsi que tout d'abord nous mettrons en œuvre la méthode critique; nous emploierons ensuite la méthode analytique; nous ferons même intervenir l'expérimentation. Parfois, nous utiliserons la méthode déductive, mais ce sera toujours l'observation minutieuse et raisonnée, la comparaison judicieuse qui nous guideront.

Nous devrons pour cela employer les moyens d'investigation les plus variés, faire appel aux compétences les plus diverses. Bien convaincus qu'un travail aussi complexe nécessite la mise en œuvre de notions techniques nombreuses, nous n'hésiterons pas, chaque fois que besoin sera, à prendre les avis et les conseils des spécialistes qui pourront nous éclairer sur tel ou tel point particulier. Forts de leur opinion, nous pourrons nous appuyer sur des renseignements précis et, si nous en déduisons des propositions plus générales, nous serons sûrs au moins de ne pas pécher par la base.

Examinons maintenant avec quelques détails le mode d'application à nos recherches de ces divers procédés d'investigation, ainsi que les résultats généraux qu'ils peuvent nous fournir. Quelques exemples rendront les démonstrations plus compréhensibles.

I

Nous pouvons tout d'abord diviser en deux grands groupes les multiples matériaux que nous avons à mettre en œuvre, ce sont : 1° les *documents écrits*, 2° les *documents objectifs*, produits de l'industrie humaine, puis les ossements de l'homme et des animaux ayant vécu simultanément, enfin les terrains où on les rencontre.

1° DOCUMENTS ÉCRITS. — Ils sont constitués par la bibliographie préhistorique déjà fort étendue. Nous utiliserons largement le renseignement qu'elle nous donne, résultats des observations faites par de très nombreux savants et chercheurs dans le monde entier. Mais, pour tirer de ces documents écrits des renseignements valables, nous devrons nous livrer à une critique sévère. Rien n'est plus utile, en effet, que de réunir un nombre considérable de renseignements bibliographiques ; mais pour pouvoir les utiliser, il est indispensable de les coter à leur juste valeur. Telle découverte faite et publiée par un savant de valeur connue et se présentant avec tous les caractères de vraie valeur scientifique devra être considérée comme fort importante. Or si des faits mal étudiés, dus à des observateurs de compétence minime, tendent à infirmer cette découverte, nous saurons, tout en citant ces objections, les laisser à une place effacée. Bien plus, quand un travail nous semblera entaché d'un vice grave de méthode ou d'observation, nous n'hésiterons pas à le reléguer dans la série nombreuse de ces publications que nous ne pourrons utiliser qu'à titre de simple renseignement sujet à revision.

Nous éviterons ainsi ce contraste singulier et anti-scientifique que l'on observe souvent dans des bibliographies non critiques où se coudoient, présentés sur le même plan, des travaux de valeur, des œuvres médiocres et des publications qu'il est inutile de sortir d'un oubli mérité. Certes, c'est être osé que de tenter pareil départ. C'est pour cela que dans les cas difficiles nous ferons appel aux savants dont la compétence leur permettra de porter un jugement valable ; nous conformerons notre opinion à la leur. En tout cas, ici comme dans toutes nos investigations, n'ayant aucun parti pris, nous ne nous laisserons guider que par la recherche sincère de la vérité, l'acceptant d'où qu'elle vienne et toujours prêts à reconnaître et à réparer nos erreurs involontaires, dès qu'on nous en démontrera le mal fondé.

2° DOCUMENTS OBJECTIFS. — Leur nombre est immense, leur mise en œuvre fort complexe. Chaque fait doit être étudié suivant une méthode adaptée à sa nature même. Il doit aussi être envisagé sous ses aspects les plus divers, à des points de vue différents, enfin il exige la mise en œuvre de procédés d'investigation multiples. Chacune de ses faces, pourrait-on dire, doit être ainsi successivement examinée. Puis, cette étude analytique terminée, la méthode synthétique et comparative intervient et permet de porter un jugement valable. Examinons rapidement les points de vue auxquels, dans cette étude, nous nous placerons successivement.

Technologie. — Un exemple fera mieux comprendre la façon dont nous comprenons la mise en œuvre de ce procédé d'investigation.

Voici un instrument en pierre. Il y a lieu d'abord de le considérer en lui-même, d'examiner sa forme, son aspect, la matière dont il est constitué. Puis se pose la première question : est-il naturel ou intentionnellement taillé? Comment a-t-il été fabriqué? Sa forme se rapproche-t-elle d'un type connu? A-t-elle des rapports avec d'autres formes? A-t-elle par elle-même une signification? Quels sont en un mot ses caractères signalétiques ou esthétiques? Cet objet peut-il, par un simple examen, nous donner des notions sur son origine, sur son âge? A-t-il, dès lors, une valeur documentaire en lui-même?

C'est en somme, on le voit, un premier travail d'expertise, pourrait-on dire. Il donne des notions fort importantes sur la pièce à étudier, mais ce n'est qu'un premier stade de l'étude analytique, important sans doute, mais auquel on ne saurait s'arrêter sans inconvénients.

Il constitue pour certains esprits simples, comme pour la plupart des gens du monde, toute l'anthropologie préhistorique. Intéressés par les formes ou fascinés par l'esthétique spéciale des instruments primitifs, ils les admirent ou s'en étonnent, sans aller plus loin, sans comprendre que ce sont surtout, si ce n'est exclusivement, des matériaux d'étude devant être mis en œuvre et qui sont capables de fournir des renseignements autrement intéressants et d'une portée très générale.

Il s'en faut d'ailleurs que ce premier ordre de recherche scientifique soit simple. Il soulève une foule de questions complexes dont bon nombre sont loin d'être complètement étudiées.

Tel est le cas, par exemple, pour ce point d'importance capitale pour nous et l'un des premiers à élucider dans l'étude de l'industrie primitive, à savoir si tel ou tel objet porte les caractères évidents d'un travail humain ou la preuve certaine qu'il a été utilisé par l'homme. C'est là une détermination des plus délicates qui nécessite une finesse d'observation et une absence complète de parti pris. A son sujet nombre de savants et de chercheurs, aussi bien en France qu'en Angleterre et en Belgique, discutent et... affirment, faute vraisemblablement d'une bonne méthode. Ce sera là un point auquel nous appliquerons nos investigations et sur lequel nous chercherons, ainsi que sur les autres faits connexes, à nous faire une idée raisonnée et rationnelle.

Nous avons voulu par ce seul exemple montrer déjà la complexité de ce premier chapitre de nos études : la technologie.

Minéralogie. — Si nous prenons encore l'exemple de tout à l'heure : un instrument, ou un objet quelconque en pierre travaillée, nous pourrons aisément comprendre toute l'importance de cette seconde face du problème.

Quelle est, en effet, la roche dont est constitué cet instrument? question fort complexe, car la reconnaissance de cette roche est souvent fort difficile; elle nécessite la mise en œuvre de compétences multiples : minéralogiques, chimiques et géologiques. Mais, d'autre part, les renseignements ainsi obtenus sont de toute importance.

N'est-il pas utile, par exemple, au point de vue social, ethnologique même et chronologique, de savoir que tel ou tel groupe humain a été en relations d'échange avec telle ou telle autre population? Or, ce fait peut se déduire aisément de l'identification d'une roche dans laquelle a été taillée une hache ou une pointe de lance. C'est ainsi qu'à des centaines de kilomètres de son gisement primitif, nous reconnaîtrons le silex du Grand-Pressigny jusqu'en Belgique et que, dans l'Oise ou dans la Somme, nous trouverons des haches en fibrolithe d'Auvergne ou en jadéite des Alpes.

Mais tout naturellement ces études de minéralogie nous obligeront à mettre en œuvre les données que nous fournit la géologie.

Géologie et stratigraphie. — La géologie, en effet, est indispensable pour les recherches préhistoriques. C'est ainsi, par exemple, que l'origine des roches dont nous parlions à l'instant ne peut être établie que par la géologie.

D'ailleurs nos premiers ancêtres font partie des temps géologiques; ce sont en somme des fossiles, fossiles très particuliers, mais qui doivent être étudiés également à ce point de vue en mettant en œuvre, tout d'abord, la méthode géologique.

Mais c'est surtout la stratigraphie qui nous est indispensable. C'est elle qui sert de base à toutes nos investigations, lorsque nous étudions le paléolithique. C'est elle qui a permis à d'Ault du Mesnil d'établir, sur des bases irréfutables, ses classifications des alluvions de la vallée de la Somme. Grâce à elle, nous pouvons comprendre la signification des dépôts considérables de terre à briques qui recouvrent tout le nord de la France, etc. Elle encore qui permet de comprendre et d'identifier les couches de remplissage des cavernes. Ces exemples pourraient d'ailleurs être multipliés à l'infini.

Paléontologie. — C'est encore une branche de la géologie dont l'application à nos recherches est de toute nécessité. Avec la stratigraphie elle permet de dater les gisements d'une façon certaine. L'exemple des sablières des environs d'Abbeville dont nous parlions plus haut est fort instructif à ce point de vue et montre l'utilité de l'association de la stratigraphie et de la paléontologie. En voici une preuve :

Dans une couche de graviers tout à fait inférieurs dont la position stratigraphique était nettement établie, d'Ault du Mesnil a trouvé une faune où l'*Elephas antiquus*, nettement quaternaire, se rencontrait avec une forme très voisine du *meridionalis*, que l'on sait être tertiaire. Cette constatation paléontologique lui a permis de dater d'une façon très précise l'industrie qu'il a rencontrée dans les mêmes couches. De nouveaux exemples similaires pourraient être facilement signalés.

La paléontologie végétale donne souvent de précieuses indications sur le climat et les conditions atmosphériques générales de l'époque où s'est déposée la couche de terrain qu'on étudie. Il suffit de citer les tufs de la Celle-sous-Moret avec leurs empreintes de figuier, de laurier et de buis permettant de dater les silex taillés qu'ils renferment en même temps que, par là, ils nous donnent d'intéressants renseignements sur certaines conditions de la vie à ces époques si éloignées.

Météorologie. — La paléontologie animale et végétale nous fournissent, on vient de le voir, des données précises sur la climatologie et la météorologie.

Ce sont d'ailleurs des points de vue particuliers qui doivent nous occuper et permettent d'interpréter certains phénomènes très importants dont le mécanisme producteur est fort compliqué; tel est le cas pour la période glaciaire ou pour la période dite du Moustier.

De la conception, déduite de l'observation, que l'on peut se faire des phénomènes météorologiques à ces époques, découle l'explication de maints phénomènes géologiques d'une extrême puissance, tels par exemple que le creusement des vallées, les dépôts de limon qu'expliquent la surabondance des pluies et l'extrême humidité atmosphérique.

Ethnographie. — En nous plaçant aux divers points de vue que nous venons d'examiner, nous avons pu interpréter les objets découverts, les connaître dans leur composition, leur forme, leurs rapports divers avec les milieux, leur âge même. Qu'on nous permette l'expression, nous en avons fait l'anatomie, l'histologie même, mais nous n'avons pas pu en faire la physiologie, c'est-à-dire en comprendre la fabrication, et la mise en œuvre par l'homme : en un mot la valeur sociologique.

Il est évident qu'à ce point de vue, les méthodes antérieures deviennent insuffisantes; de toute nécessité nous devons faire intervenir les notions ethnographiques qui, par la comparaison avec les sauvages actuels, encore à l'âge de pierre, permettent de comprendre la signification des objets, leurs usages, leur mode d'emploi, leur rôle dans la vie des peuples.

Incontestablement il ne faut pas abuser de la méthode ethnographique, ni lui donner le pas sur la méthode géologique. Mais elle doit nécessairement venir après elle, l'éclairer, la compléter.

D'ailleurs, si la première doit l'emporter lorsqu'on étudie les époques paléolithiques, son utilité devient minime lorsqu'on arrive à l'époque néolithique, tandis qu'au contraire la méthode ethnographique prend alors une importance prépondérante.

Mais ce n'est pas seulement de précieuses indications que l'ethnographie peut fournir sur les objets eux-mêmes et leur interprétation. Il est tels usages, telles coutumes qu'elle nous fait connaître et dont nous pouvons retrouver des traces très précises aux époques préhistoriques. Ici les exemples surabondent, depuis le grattoir emmanché des Esquimaux jusqu'à la pictographie sur le corps de nombreux sauvages américains.

C'est aussi par l'ethnographie comparée s'appliquant, surtout aux sauvages actuels les plus inférieurs, que nous pourrons avoir quelques éclaircissements sur leur état sociologique et en déduire celui que devaient avoir ceux de nos ancêtres qui s'en rapprochent à d'autres points de vue. Tel est le cas pour les observations faites sur les Fuégiens, qui nous rappellent nos Moustériens ou celles faites sur les Calédoniens, les Néo-Zélandais, etc., alors qu'ils étaient encore à l'époque de la pierre.

Archéologie. — C'est aussi la méthode archéologique que nous mettrons en jeu lorsque nous devrons interpréter les résultats fournis par les observations faites sur les restes d'industrie dus aux populations de la fin du néolithique, de l'époque du bronze ou de premier âge du fer. Nous touchons alors aux confins de l'histoire. La méthode archéologique pourra donc nous rendre de précieux services. Il est bien évident, entre autres, que sans la méthode archéologique, il sera impossible de comprendre nombre de faits révélés par les objets découverts à Hallstatt.

Un exemple également intéressant sur lequel nous nous sommes appesantis est celui des figures gravées sur certains dolmens et qui se composent d'une ligne ou d'un arc de cercle figurant les sourcils, d'une barre verticale pour le nez et de deux points pour les yeux. Nous retrouvons cette curieuse figure, aussi bien dans les grottes néolithiques fouillées par M. de Baye dans la vallée du Petit-Morin, que sur une dalle de l'allée couverte d'Épône ou sur celle de Collorgues. Or cette même image abonde à Ilion, sur des plaquettes de pierres variées ou sur le goulot ou la panse des vases.

Donc, dans les questions de ce genre, l'interprétation archéologique doit entrer en jeu avant toute autre discussion.

Architecture. — Il est enfin toute une série de points de vue particuliers suivant lesquels on peut examiner nombre de faits et qui nécessitent la mise en jeu de cet ordre de compétences spéciales, sinon les faits restent incompréhensibles.

Comment en effet comprendre le mode de construction des monuments mégalithiques, si l'on ne fait pas intervenir les notions architecturales? Elles seules permettent de saisir la raison d'être de certaines particularités, comme l'emploi d'encorbellements et de contrepoids pour maintenir les tables dolméniques.

Céramique. — L'étude des produits céramiques comporte divers points de vue. La morphologie, l'élément artistique ou symbolique, l'utilisation pratique, l'adaptation à divers usages sociaux, etc., étant établis, l'étude technique doit intervenir; elle peut fournir de fort utiles renseignements. C'est ainsi seulement qu'on peut comprendre le mode de fabrication des objets en terre cuite, se rendre compte par exemple des modes de construction des grands vases faits sans tour, des procédés employés par les préhistoriques pour faire des anses de vase au moyen d'un petit bâton recouvert d'une masse de terre. Faut-il également rappeler le procédé de fabrication de la poterie au *poussé* par l'application, à l'intérieur de petits paniers, de plaques de terre cuite qui les enduisent et en conservent la forme et l'empreinte, lorsque, le panier ayant été mis au feu, il a été complètement brûlé, tandis que la terre s'est cuite formant un vrai vase?

Toutes ces données ne peuvent être fournies que par la mise en œuvre de la compétence spéciale des céramistes.

Métallurgie. — De même il faudra nous adresser à des techniciens pour comprendre nombre de points se rapportant à l'étude des instruments en bronze ou en fer. Il y a par exemple telles grandes pointes de lances, ou telles séries d'anneaux en bronze dont il est impossible de comprendre le mode de fabrication si on n'est pas éclairé par un métallurgiste. Pour retrouver la façon dont les primitifs ouvriers ont pu perforer les pierres les plus dures, comme la jadéite ou le quartz, ou encore incruster le fer dans le bronze, comme ils l'ont fait durant la première époque du fer, il faut aussi faire intervenir les données fournies par des techniciens.

Chimie. — Il n'est pas jusqu'à la chimie qui ne puisse, beaucoup plus souvent qu'on ne le croit, nous donner d'intéressants renseignements. L'étude chimique des terrains sur lesquels portent nos investigations est encore dans l'enfance; il y aura lieu de la développer. Nous avons mis en œuvre cette méthode lorsque nous avons étudié la station de la Micoque près des Eyzies. L'analyse chimique du terrain nous a fourni d'intéressants renseignements.

Histologie. — C'est encore un mode d'investigation jusqu'ici presque complètement négligé dans les recherches préhistoriques et qui pourtant peut rendre de grands services. Par exemple, c'est elle seule qui peut permettre de reconnaître dans quelques menus débris de charbon les essences qui les ont produits, ou encore d'étudier avec fruit la composition d'une tourbe ou d'une couche de terrain.

Arts graphiques. — Sans multiplier à l'infini les divers points de vue auxquels on peut envisager les objets qu'on étudie, en les examinant au moyen d'analyses techniques, nous devons pourtant signaler la compétence artistique, indispensable en bien des cas. Elle seule permettra de comprendre et d'interpréter des figures souvent compliquées qui sont gravées sur des os, des vases ou des objets en bronze et de décider s'il s'agit simplement de lignes ornementales ou au contraire de signes plus ou moins compliqués ayant une signification. Ces notions techniques d'ordre artistique nous seront également fort utiles pour deviner les moyens dont nos ancêtres se sont servis, aussi bien pour graver sur un os que sur une paroi de rocher ou sur un bracelet en bronze.

Expérimentation. — Nous ne pouvons passer sous silence cette méthode excellente qui souvent peut nous éclairer. Incontestablement, par exemple, nous comprendrons bien mieux un outil en silex si nous en avons fabriqué un similaire et si nous nous en sommes servis. A ce point de vue également, l'expérimentation au moyen de pointes de flèches semblables aux flèches préhistoriques, l'emmanchure de haches polies, etc., pourront donner de précieux renseignements.

Nous pourrions étendre outre mesure ce simple exposé et démontrer que les sujets qu'étudie l'anthropologie préhistorique peuvent être considérés à tous les points de vue et étudiés avec les compétences les plus variées. Les quelques exemples que nous avons donnés suffiront pour montrer la complexité de cette simple étude analytique portant uniquement sur les objets d'industrie humaine préhistorique.

Nous sommes amenés maintenant à examiner les méthodes que nous mettrons en œuvre lorsqu'il s'agira des restes de l'homme lui-même.

Notre étude des débris humains préhistoriques mettra surtout en œuvre les données que nous fournissent les anatomistes et les ethnologues. Pour nous, nous étudierons d'abord l'homme paléolithique comme un fossile, examinant ses relations avec les terrains où l'on rencontre ses restes, puis ensuite nous le considérerons par rapport aux milieux où il a vécu et à la faune qui l'accompagne, à l'industrie que l'on rencontre à côté de lui. Nous étudierons ensuite les débris humains néolithiques à un point de vue plus particulier et là nous mettrons en œuvre les compétences nécessaires (anatomique, ethnologique, sociologique, médicale même).

II

L'emploi de ces divers procédés d'investigation nous permettra d'examiner sous toutes leurs faces les faits multiples soumis à notre observation, de réaliser ainsi une importante étude descriptive et critique et de recueillir un nombre considérable de matériaux d'étude.

Ces documents ainsi amassés ne seront pas des éléments informes, ils auront été retournés sous toutes leurs faces, soigneusement examinés et prêts à être mis en œuvre. Comment alors procéder à cette nouvelle opération?

Ici encore la critique doit intervenir, critique sage, impartiale, exempte de parti pris, basée sur les données techniques les plus sûres. Elle nous permettra de diviser les faits d'abord en deux grands groupes.

En premier lieu ceux qui doivent être rejetés, ou bien parce qu'ils sont mal observés, ou entachés d'erreurs de méthode, ou bien parce qu'ils sont peu précis, semblables à ces monnaies antiques trop frustes pour pouvoir être fructueusement étudiées et qui ne peuvent servir qu'à titre de renseignement. Ce sera là un premier travail, souvent difficile, parfois pénible, tant il en coûte parfois de rejeter des faits qui cadrent avec une théorie qui vous est chère, lorsque ces faits n'ont pas les caractères de certitude nécessaires.

Dans un second groupe, nous rangerons les faits que nous pourrons admettre. Nous les hiérarchiserons suivant leur qualité. Les uns seront considérés comme possibles, les autres comme probables, d'autres enfin comme certains.

En procédant ainsi, nous pourrons toujours avoir des bases réellement scientifiques pour nos études. Suivant que nous aurons fondé nos démonstrations sur tel ou tel groupe de faits, nous saurons exactement ce qu'elles valent et si nous devons les considérer comme de simples hypothèses ou, au contraire, comme des faits valablement démontrés.

Vous voyez immédiatement la nécessité de cette façon de procéder. Elle n'exclut pas la recherche hardie au moyen de l'hypothèse préalable, mais elle permet d'en peser la valeur. Grâce à elle, on peut éviter ces déductions fâcheuses qui, ayant un point de départ mal établi, amènent à des conclusions erronées. Au contraire si les faits sont bien observés, scientifiquement groupés, ils permettent d'en déduire des données positives.

Quelques exemples rendront ces propositions plus évidentes. Prenons d'abord un fait certain : celui de la superposition du magdalénien au moustérien ; c'est là une donnée absolument démontrée et l'on sait toutes les conséquences qu'on en peut déduire.

Mais voici un fait seulement probable, c'est celui du passage insensible du paléolithique au néolithique. Il a été démontré exact dans quelques gisements, par exemple, au Mas d'Azil par Piette. Cependant nous ne pouvons pas encore affirmer qu'il soit général. Car, quels que soient les faits, il est fort prudent de ne pas les généraliser outre mesure, sans de très bons arguments et des preuves certaines et applicables à tous les cas.

Enfin il est des faits qui peuvent être admis comme possibles, telle l'utilisation des divers outils préhistoriques pour un usage, en somme hypothétique le plus souvent.

Les faits ainsi groupés, jugés et classés, il s'agit de les mettre en œuvre. Pour cela quelle méthode allons-nous employer?

Ainsi que nous l'avons déjà dit, surtout lorsque nos investigations porteront sur le paléolithique, la première méthode à mettre en œuvre est la méthode géologique qui utilise à la fois la minéralogie, la stratigraphie et la paléontologie. Nous devons considérer, comme nous l'avons vu, les restes humains ou les traces de l'homme constitués par son industrie comme des fossiles dont il faut déterminer minutieusement la nature, l'aspect, le gisement, la position exacte, les rapports avec la faune, avec les autres couches, etc. Cette analyse donnera des renseignements nets, souvent positifs. Bien des questions seront néanmoins fort difficiles à résoudre, telles celles des faciès locaux, du synchronisme de diverses couches, etc.

Si l'on veut tirer de ces renseignements d'autres données utilisables pour nos recherches, il faut ensuite mettre en jeu de nouvelles méthodes : la méthode ethnographique et sociologique et, enfin, la méthode archéologique.

Nous avons montré, d'ailleurs, comment elles deviennent successivement à peu près notre seul guide lorsque nous étudions les époques néolithique, du bronze ou celle du fer.

L'ethnographie est surtout d'un grand secours. Les conditions intellectuelles, sociales et industrielles de maints peuples, étant, presque de nos jours, à peu près adéquates à celles de nos ancêtres, on conçoit facilement de quel intérêt est leur étude.

En veut-on deux exemples bien topiques : théoriquement on peut admettre l'utilisation par les hommes les plus primitifs de pierres naturelles ayant une forme commode pour tel ou tel usage ou même de fragments de pierre informes ou provenant de la brisure simple. Objectivement ce fait est impossible à démontrer, puisque ces pierres ne peuvent se distinguer en rien des pierres similaires n'ayant jamais servi et pouvant, comme les autres, présenter des éclatements, des écaillures déterminés par des chocs naturels, en tout semblables à ceux que produit le façonnement artificiel par l'homme. Or l'ethnographie nous montre l'utilisation de semblables pierres par les Australiens qui les fixent à des manches en bois au moyen de liens et de résine pour en faire des instruments et des armes.

Ainsi est confirmée la première hypothèse et démontrée du même coup l'exactitude de la seconde proposition, à savoir que, séparées de leur emmanchure, ces pierres ne pourraient se distinguer de cailloux quelconques. D'où la conclusion, émise fort judicieusement par le professeur Hamy, que les instruments et les armes des premiers hommes étaient probablement ainsi faits et que par conséquent nous ne pourrons jamais les retrouver puisque les emmanchures ont disparu... à moins que le hasard nous en ait quelque part conservé une.

Incontestablement, il ne faut pas abuser de la méthode ethnographique et vouloir établir des rapprochements forcés. Néanmoins, ainsi qu'on le voit, elle peut souvent donner de très précieux éclaircissements.

La méthode sociologique est également utile, surtout pour établir une sorte de questionnaire, portant sur les usages et les habitudes de la vie, auquel on doit chercher à répondre au moyen des données fournies par l'étude des documents préhistoriques. Nous reviendrons d'ailleurs sur ce point dans un instant.

La méthode archéologique peut, elle aussi, rendre compte de maints usages démontrés au moyen des documents autrement multiples et complexes que ceux fournis par nos pierres taillées, nos os

sciés et nos poteries grossières. Il va de soi que cette méthode doit
être également employée avec précaution et mesure.

III

Ces diverses méthodes peuvent être mises en œuvre de plusieurs
manières. On peut procéder par induction ou par déduction. La
méthode inductive est la première à employer, sans oublier qu'il y a
dans ce procédé de logique à utiliser un ensemble de faits positifs,
des faits probables, d'autres possibles, enfin de pures hypothèses. Le
résultat ne sera donc pas indiscutable, mais les données obtenues
pourront être utiles, ne serait-ce que pour fixer les idées sur nombre
de points, susciter et faciliter de nouvelles recherches.

Quelques exemples feront comprendre la façon de procéder. Voici
une hache polie en pierre : nous l'avons étudiée en mettant en jeu
tous les modes d'investigation dont nous parlions au début; nous
savons donc déjà beaucoup sur son compte. Nous avons pu la com-
parer à des pièces similaires, établir sa filiation avec d'autres analo-
gues, son évolution ultérieure, ses transformations suivant le temps
et les lieux. Nous avons aussi examiné son mode de confection, mais
ceci nous amène à étudier les lieux où on l'a fabriquée, et aussitôt
nous songeons aux grands ateliers de fabrication et de polissage,
aux grands polissoirs de l'Yonne, etc.

D'autre part l'étude de la hache amène immédiatement à la détermination de ses emplois multiples pour fendre, tailler, couper, voire
assommer ou sectionner un membre. Et alors toute une série
d'usages se présentent dans lesquels la hache joue le principal rôle :
fendre et tailler le bois, couper des arbres ou des arbustes, tuer un
animal, blesser ou massacrer un ennemi. Or, on le voit, l'étude de
ces usages et leur groupement nous amènent insensiblement à une
association d'usages : à une coutume.

Fendre le bois est usage, tailler les poutres ou les troncs d'arbres,
et les assembler au moyen de liens de joncs, appointir l'extrémité
de troncs d'arbres, enfoncés ensuite dans le sol d'un lac, etc., constituent des coutumes. Réunir ces pilotis en les espaçant symétrique-
ment, y superposer des poutres régulièrement agencées pour faire
un plancher; par-dessus disposer des branchages et les recouvrir
d'un enduit de terre, tout cela constitue un travail compliqué qui
aboutit à la construction d'une habitation, telle que les fouilles des
cités lacustres nous la révèlent.

Nous voici donc arrivés à une manifestation sociale complexe et importante, par une série d'inductions successives toutes basées sur l'observation, en étant partis simplement de la hache.

Par la même méthode, on pourrait être amené ainsi, partant toujours de la hache, à toute autre manifestation sociale. Les haches néolithiques se rencontrent parfois dans ou à côté de longs troncs d'arbres, creusés, partie par le feu, partie par des haches, dont on retrouve l'empreinte des tranchants qui ont entaillé le bois. C'est la première manifestation de la navigation. La hache nous y aura encore menés d'induction en induction.

Tout ceci nous montre la méthode à mettre en jeu, méthode ordinairement sûre puisqu'elle s'appuie sur des faits précis, mais dont il faut savoir pourtant reconnaître parfois la signification un peu hypothétique. Telle, par exemple, la conception de la guerre chez les primitifs, déduite de la présence de coups de hache sur certains os, ou bien celle de l'existence d'un culte qu'indique la présence de belles haches, parfois intentionnellement brisées, dans les sépultures dolméniques.

Les exemples pourraient être multipliés à l'infini. Il en est un réellement suggestif : c'est celui du burin. Cet instrument dont les hommes de l'époque solutréenne et surtout magdalénienne ont fait un usage considérable servait incontestablement à entailler l'os et la corne. Employé conjointement avec la scie, il permettait de fabriquer tous les outils en os et en corne (poinçons, lissoirs, crochets, aiguilles) dont l'usage est évident : ils servaient à coudre des peaux. De cet usage, nous sommes amenés à concevoir la coutume de se vêtir de peau qui cadre si bien avec ce que nous apprend la géologie de ces temps si reculés, avec ce que nous montre l'ethnographie chez les Esquimaux qui sont à peu près dans les mêmes conditions climatériques et sociales. Enfin cette coutume nous montre quelle était alors cette grande manifestation sociale, le vêtement.

Mais le burin servait aussi à autre chose; avec lui on entaille facilement même les corps durs et on y trace des traits fins et profonds. C'est précisément ce qu'on observe sur les os gravés magdaléniens. Le burin ainsi étudié nous amène à l'usage d'inciser les os, puis à la coutume de les graver et enfin à cette grande manifestation sociale : l'art, qui, pour la première fois, apparaît alors avec une justesse d'expression et de rendu réellement étonnante.

Ces exemples suffiront pour montrer ce qu'est cette méthode ethnographique et sociale procédant par induction; ordinairement intéressante, toujours utile, souvent nécessaire, elle comporte une certaine part d'interprétation et d'hypothèse. Elle doit donc être maniée avec prudence et les résultats qu'elle donne doivent être appréciés à leur valeur. Eminemment revisables, ils constituent des données provisoires, modifiables au fur et à mesure que les découvertes se font ou que les interprétations se perfectionnent.

L'application de cette méthode montre combien les manifestations sociales sont complexes et combien en réalité elles s'enchevêtrent, procédant les unes des autres, se modifiant les unes par les autres. Les quelques faits que nous avons cités le démontrent et ils pourraient être aussi multipliés. Voici encore un exemple de cet enchaînement des faits sociaux. L'étude de la hache nous a amenés à la coutume de la chasse, celle-ci nous conduit à l'étude des migrations avec ses habitats variés, mais aussi elle nous fait examiner l'utilisation des animaux tués et nous amène à l'observation des coutumes se rapportant à l'alimentation au moyen de la viande de ces animaux, tandis que d'autre part l'emploi de leurs fourrures nous fait étudier le vêtement.

Mais celui-ci nous conduit à l'étude du climat qui, à son tour, influe sur une foule d'usages et de coutumes, régit la flore et soit directement, soit par les modifications de celle-ci, agit sur la faune.

On le voit, d'enchaînements en enchaînements d'ailleurs logiques, on pourrait ainsi traiter toutes les questions de sociologie préhistorique.

Mais, pour amener un peu d'ordre et de systématisation, on peut, étudiant ensuite à part chaque petit groupe humain observé isolément, employer la méthode déductive. Pour cela, on peut considérer chaque grande manifestation sociale, en prenant par exemple pour base le questionnaire de sociologie et d'ethnographie, puis grouper dans chaque chapitre ainsi circonscrit toutes les notions que l'observation a pu fournir.

C'est ainsi que, choisissant une caverne bien fouillée systématiquement, on examinera les points suivants : habitation, alimentation, vêtement, parure, chasse, industrie de l'os, de la pierre, céramique, commerce, rites funéraires, etc. A chaque question, on pourra répondre en interprétant documents et observations fournis par la fouille, tout comme le voyageur peut donner ses réponses en observant les sauvages actuels.

Lors donc qu'on aura répondu à toutes les questions, on aura constitué un ensemble de faits qui permettra de caractériser un groupe humain isolé, en un lieu donné, à une époque qu'on peut souvent préciser.

Procédant de même successivement, nous pourrons constituer comme une série de petites monographies toutes locales. Mais alors il faudra relier entre elles ces notions dissociées, chercher à établir

un rapport chronologique ou même sociologique entre ces groupes
que des liens communs rattachent souvent.

Nous serons ainsi amenés à faire l'étude des groupes humains qui
ont pu vivre simultanément, puis à étudier leur filiation dans le temps,
leurs ancêtres et leur descendance. Alors peu à peu, par des observations innombrables, rapprochées et corroborées les unes par les
autres, nous pourrons ébaucher l'étude des civilisations concomitantes,
puis celle des races et des civilisations qui se sont succédé durant les
longues périodes préhistoriques.

Tout cela constitue une tâche bien ardue; les difficultés sont innombrables. Cependant une synthèse provisoire est possible. Elle
permet de fixer les faits et de les rendre compréhensibles; elle est
souvent utile d'ailleurs, au même titre que l'hypothèse préalable de
Cl. Bernard qui, hypothèse d'hier, devient souvent la vérité de demain.
Elle a d'ailleurs sur elle l'avantage de s'appuyer sur un bien plus
grand nombre de faits nettement démontrés.

Enfin, lorsque nous aurons coordonné ces renseignements multiples, lorsque nous aurons établi de grands groupes, il faudra bien les
disposer suivant un certain ordre, en un mot les classifier.

Certes ce n'est pas là non plus tâche facile. Cependant c'est une
opération nécessaire. En effet, une classification est un instrument
d'étude, commode pour ranger les faits observés, dans un ordre
rationnel et qui permet de se comprendre entre savants s'occupant
des mêmes questions. Mais ce ne peut être un cadre rigide : ser-
vant à enfermer une science qui évolue, il ne peut seul rester
immuable.

Nous avons en France la classification de notre maître G. de Mor-
tillet, basée sur de très nombreuses observations, d'un emploi fort
commode, et exacte dans ses grandes lignes. Nous continuerons à
l'employer, en la modifiant chaque fois que des faits nouveaux nous
y obligeront.

IV

Ainsi qu'on a pu le voir par ce rapide aperçu, nous considérons
que les études préhistoriques doivent mettre en jeu toutes les méthodes d'investigation qui peuvent fournir les données les plus
exactes. Nous les utiliserons tour à tour ou simultanément, suivant
les circonstances, en nous gardant de tout exclusivisme. Nous pouvons donc ainsi résumer tout cet exposé :

Examinant toutes les faces de chaque sujet dont nous aborderons
l'étude, nous le considérerons toujours en naturalistes, en sociolo-

gistes et en archéologues. Cette trinité de compétences nous paraît indispensable.

Notre premier travail sera d'ordre géologique, minéralogique et paléontologique. Mettant en œuvre les données et les méthodes de ces sciences, il devra toujours précéder tout autre mode de recherches. Ce n'est qu'après avoir épuisé leurs divers moyens d'investigation que nous devrons compléter ces données fondamentales par les renseignements que la sociologie, l'ethnographie et l'archéologie peuvent nous fournir.

Une observation judicieuse et complète, une critique impartiale appuyée sur les compétences les plus sûres, une synthèse prudente constitueront nos méthodes primordiales.

Nous chercherons ensuite à mettre en œuvre les faits que nous aurons ainsi recueillis et cotés à leur valeur.

Les recherches géologiques nous fourniront des renseignements indiscutables, si les faits sont bien observés. Quant aux observations qui ressortissent à la sociologie et à l'archéologie, nous les coordonnerons de façon logique. Partant d'un fait particulier, d'un objet isolé, nous remonterons à l'usage auquel il est lié; le groupement des usages nous amènera à la fonction sociale. De là nous arriverons à l'étude sociologique d'abord de groupes isolés, puis de groupes ethniques, soit synchroniques, soit chronologiquement rangés. Nous pourrons ainsi tenter une reconstitution de la vie de nos primitifs ancêtres.

Les données générales que nous déduirons de ces études seront donc basées sur des faits valables et obtenues par des méthodes rationnelles. Elles n'auront d'autre prétention que d'essayer de donner l'état actuel de notre science. Toujours revisables, elles ne pourront bien entendu rester immuables... alors que tout évolue.

Rangées suivant un ordre régulier dans une classification commode, elles pourront être utilisées pour de nouvelles recherches qui, à leur tour, contribueront à les perfectionner, peut-être même à les modifier. Ainsi se constituera peu à peu une œuvre commune, suite logique de celle que nous ont laissée nos prédécesseurs et qu'à notre tour, nous désirons transmettre à nos successeurs précisée et encore améliorée.